HALLA FOOD

×

EASY RECIPE 50

중앙books

| 한라식품 이지 레시피 50 |

한라
참치액
한라
쯔유
PAIN AU LEVAIN

매일 마주하는 밥상.

밥상을 차리는 시간도,

밥을 먹는 시간도

모두 즐거웠으면 합니다.

그래서 〈한라식품〉과

'요리요정이팀장'이 만들었습니다.

매일 먹어도 질리지 않는

집밥찬 50가지를 엄선해,

가장 쉽고,

가장 맛있게 만들 수 있는

노하우를 고스란히 담았습니다.

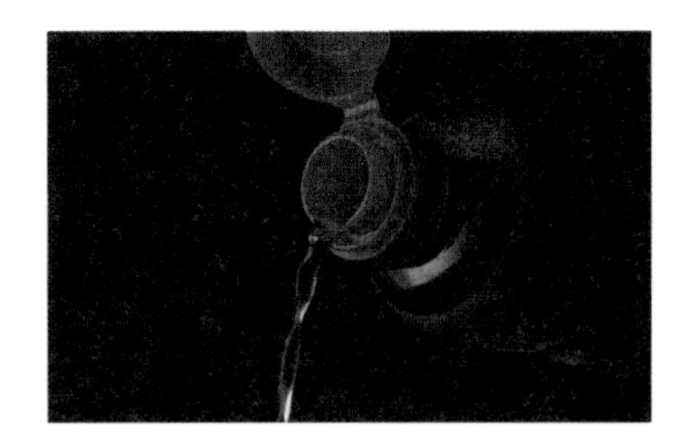

PART 1
한라참치액 레시피 23

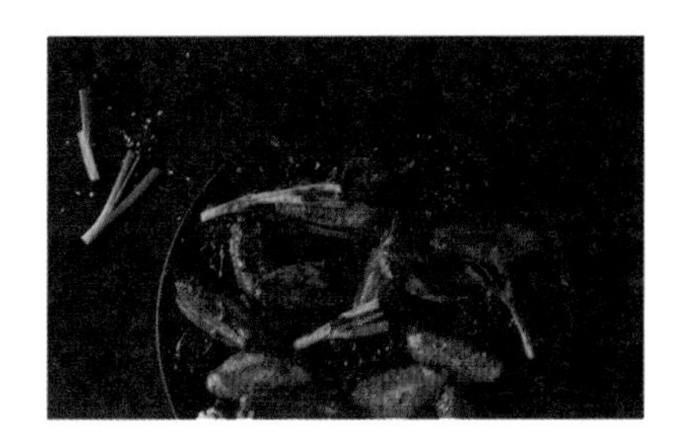

PART 2
요리요정볶음조림소스 레시피 15

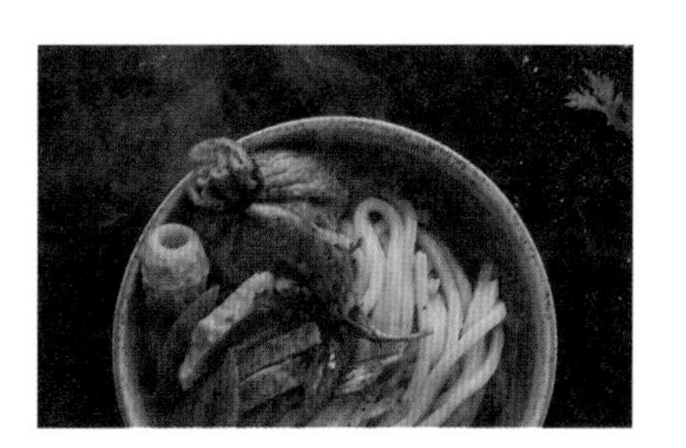

PART 3
주부천하쯔유 레시피 12

한라
참치액
한라
참치액
참치액
프리미엄
참치액
요리요정
볶음조림소스
NO. 1
한라
쯔유

‘원조’라는 타이틀을 지키기 위한 40여 년의 ‘고집’

마트나 백화점에서 카테고리조차 존재하지 않았던 시절,

최초의 ‘액상 조미료’ 시장을 개척한 한라참치액.

막강한 대기업들 사이에서도 지금까지 굳건하게 1위 자리를

지킬 수 있었던 건 '원조‘의 가치를 인정받아왔기 때문입니다.

참치 훈연부터 재료 손질과 추출까지

모든 과정을 직접 거치는 ‘고집’을 지금까지 이어오고 있습니다.

더 쉽게 가는 방법에 대한 유혹도 많았지만,

처음에 참치액을 만들었던 그 초심과 양심을 버리지 않고 지켜가는 것이

‘원조’의 자존심이라 생각했습니다.

지금까지 지켜 온 ‘원조’ 타이틀을 앞으로도 지키기 위해

조금은 외롭고 힘들지만, 가치 있는 ‘고집’을 꺾지 않고

걸어갈 것입니다.

한라참치액 이렇게 만들어요.

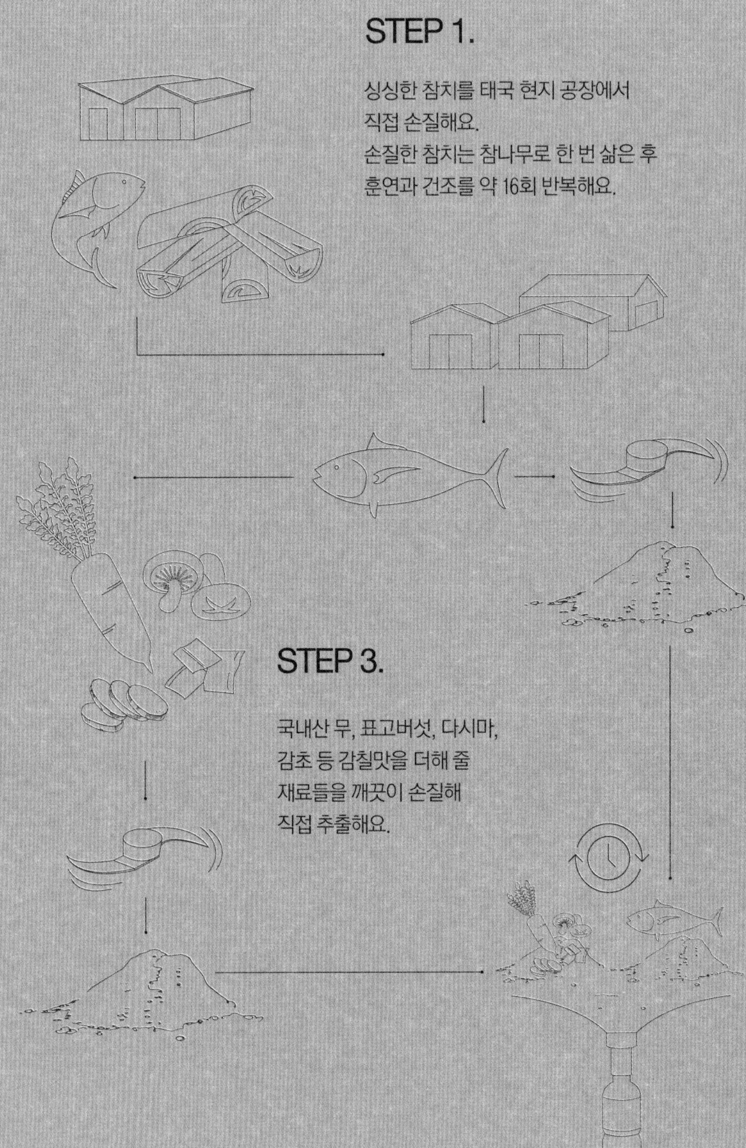

STEP 1.

싱싱한 참치를 태국 현지 공장에서
직접 손질해요.
손질한 참치는 참나무로 한 번 삶은 후
훈연과 건조를 약 16회 반복해요.

STEP 2.

국내로 수입한
단단한 참치는
상주 공장에서 한 번
세척 후 쪄서 곱게 갈아요.
그러고는 다시 말려요.
그럼 훈연 참치 준비 끝!

STEP 3.

국내산 무, 표고버섯, 다시마,
감초 등 감칠맛을 더해 줄
재료들을 깨끗이 손질해
직접 추출해요.

STEP 4.

준비된 훈연 참치와
모든 재료를 한데 넣어
다시 추출해요.
한라식품만의 황금비율과
시간으로 추출한 액상이 바로
'한라참치액'이 된답니다.

한라참치액은…
모든 요리에 간과 감칠맛을
한 번에 해결해 주기 때문에
간장, 소금, 조미료 등을
따로 사용하지 않아도 됩니다.

요리요정볶음조림소스는요…
모든 볶음과 조림 요리에
일체의 다른 양념 없이
이거 하나만으로 요리를
뚝딱 할 수 있는 만능 소스랍니다.

요리요정볶음조림소스 이렇게 만들어요.

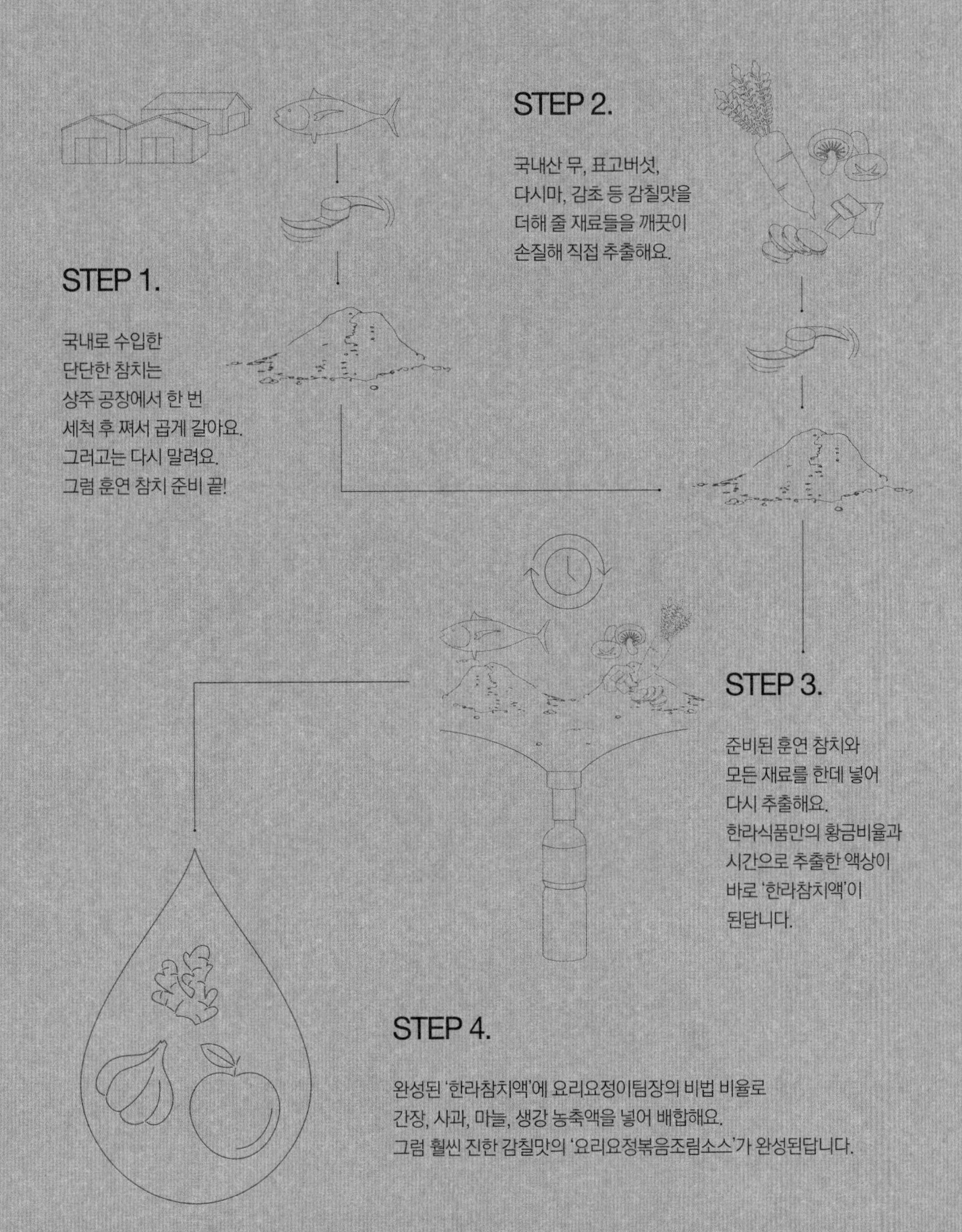

STEP 1.

국내로 수입한
단단한 참치는
상주 공장에서 한 번
세척 후 쪄서 곱게 갈아요.
그러고는 다시 말려요.
그럼 훈연 참치 준비 끝!

STEP 2.

국내산 무, 표고버섯,
다시마, 감초 등 감칠맛을
더해 줄 재료들을 깨끗이
손질해 직접 추출해요.

STEP 3.

준비된 훈연 참치와
모든 재료를 한데 넣어
다시 추출해요.
한라식품만의 황금비율과
시간으로 추출한 액상이
바로 '한라참치액'이
된답니다.

STEP 4.

완성된 '한라참치액'에 요리요정이팀장의 비법 비율로
간장, 사과, 마늘, 생강 농축액을 넣어 배합해요.
그럼 훨씬 진한 감칠맛의 '요리요정볶음조림소스'가 완성된답니다.

주부천하쯔유 이렇게 만들어요.

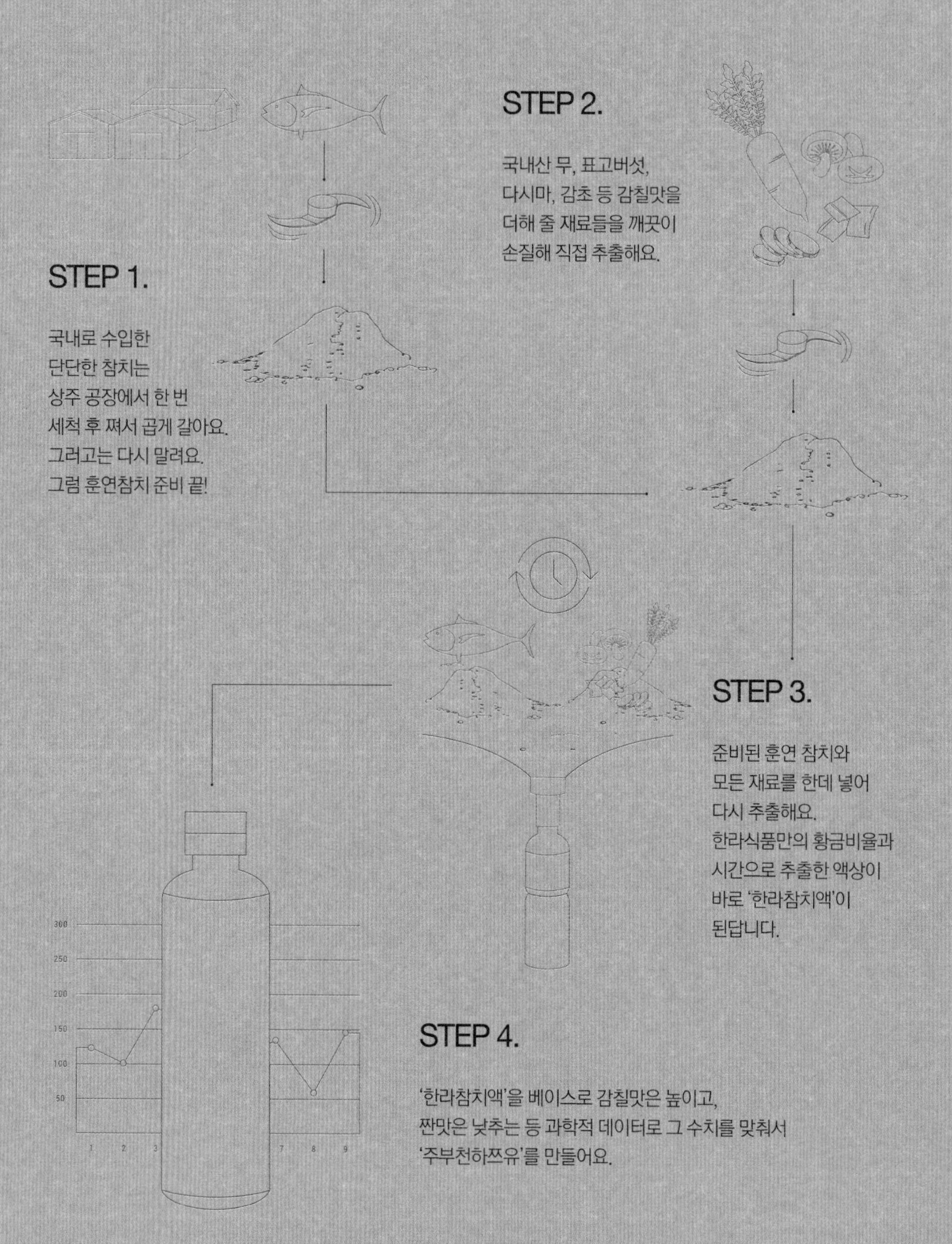

STEP 1.

국내로 수입한
단단한 참치는
상주 공장에서 한 번
세척 후 쪄서 곱게 갈아요.
그러고는 다시 말려요.
그럼 훈연참치 준비 끝!

STEP 2.

국내산 무, 표고버섯,
다시마, 감초 등 감칠맛을
더해 줄 재료들을 깨끗이
손질해 직접 추출해요.

STEP 3.

준비된 훈연 참치와
모든 재료를 한데 넣어
다시 추출해요.
한라식품만의 황금비율과
시간으로 추출한 액상이
바로 '한라참치액'이
된답니다.

STEP 4.

'한라참치액'을 베이스로 감칠맛은 높이고,
짠맛은 낮추는 등 과학적 데이터로 그 수치를 맞춰서
'주부천하쯔유'를 만들어요.

주부천하쯔유는요…
기존 일본산 쯔유와 달리
국내산 재료만으로 만들어
한국인 입맛에 딱 맞고,
한식을 비롯한 모든 국물 요리에
활용이 가능합니다.

PART 1 HALLA FOOD RECIPE

한라참치액

모든 요리에 '한라참치액' 한 스푼이면 간도 감칠맛도

한 번에 해결해주니, 요리가 더 쉽고 맛있어져요.

소고기미역국

● **3-4** servings ◑ **25-30** minutes

재료

마른 미역 30g,
소고기(양지) 100g,
다진 마늘 1작은술,
참기름 1큰술,
참치액 3~4큰술,
물 6컵

POINT

만들기

1 마른 미역은 찬물에 담가 불린 뒤 1~2번 헹군다.

2 냄비에 소고기, 다진 마늘, 참기름을 넣고 달달 볶는다.

3 1의 미역과 참치액 2큰술을 넣어 더 볶는다.

4 물을 붓고 약 30분 정도 끓이다가 나머지 참치액을 넣어 마무리한다.

COOKING TIP 마지막으로 간을 할 때는 참치액을 취향껏 넣어가며 간을 맞춰요.

콩나물황탯국

● **3-4** servings ◑ **30** minutes

재료

콩나물 70g,
무 · 황태채 50g씩,
다진 마늘 1작은술,
참기름 1큰술,
참치액 3큰술,
청 · 홍고추 1/2개씩,
대파 1/2대,
물 5컵

POINT

만들기

1 콩나물은 깨끗이 씻고, 황태채는 한 입 크기로 손질한다.
무는 나박 썰고, 고추와 대파는 어슷 썬다.

2 냄비에 황태채, 무, 다진 마늘, 참기름을 넣고 달달 볶는다.

3 물을 넣고 끓이다가 참치액을 넣고 국물이 뽀얗게 될 때까지 푹 끓인다.

4 콩나물과 대파, 고추를 넣고 약 3분 정도 더 끓인다.

소고기뭇국

● **3-4** servings ◑ **25-30** minutes

재료

무 150g,
소고기(양지) 100g,
대파 1/4대,
다진 마늘 1작은술,
참기름 1큰술,
참치액 3큰술,
물 5컵,
후춧가루 약간

만들기

1 소고기는 먹기 좋게 썬다.

2 무는 나박 썰고 대파는 마디 썬다.

3 냄비에 소고기, 참기름, 다진 마늘, 참치액 1큰술,
후춧가루를 넣고 달달 볶는다.

4 고기가 50% 정도 익으면 무를 넣어 같이 볶다가 물을 붓는다.

5 국이 끓으면 거품을 걷어낸 후 대파를 넣고 나머지 참치액으로 간한다.

POINT

오징어뭇국

3-4 servings 25-30 minutes

재료

오징어 1마리,
무 100g,
청양고추 1개,
대파 1/4대,
다진 마늘 1작은술,
고춧가루 2큰술,
참치액 3큰술,
물 5컵

POINT

만들기

1 손질된 오징어는 한 입 크기로 썰고, 무는 나박 썰고, 대파는 마디 썬다. 청양고추는 잘게 썬다.

2 냄비에 물과 무를 넣고 끓인 후 무가 반쯤 익으면 다진 마늘, 고춧가루, 참치액, 청양고추를 넣어 팔팔 끓인다.

3 오징어와 대파를 넣어 한소끔 끓인다.

순두부찌개

1-2 servings · 25-30 minutes

재료

순두부 1봉지(400g),
양파 1/2개,
쪽파 10g,
다진 마늘 1/2큰술,
간 돼지고기 80g,
참기름 1큰술,
홍고추 · 달걀 1개씩,
참치액 · 고춧가루 2큰술씩,
물 2~3컵

POINT

만들기

1 양파는 잘게 썰고, 쪽파와 홍고추는 송송 썬다.

2 냄비에 양파, 돼지고기, 다진 마늘, 참기름, 고춧가루를 넣고 볶는다.

3 2에 물, 순두부, 참치액을 넣고 한소끔 끓인다.

4 쪽파와 홍고추, 달걀을 고명으로 올린다.

조개탕

● **1-2** servings ◑ **25-30** minutes

재료

바지락 500g,
무 100g,
쪽파 · 쑥갓 10g씩,
참치액 2큰술,
물 6컵,
소금물 적당량
*바지락은 모시 · 동죽 · 백합 조개로 대체 가능

POINT

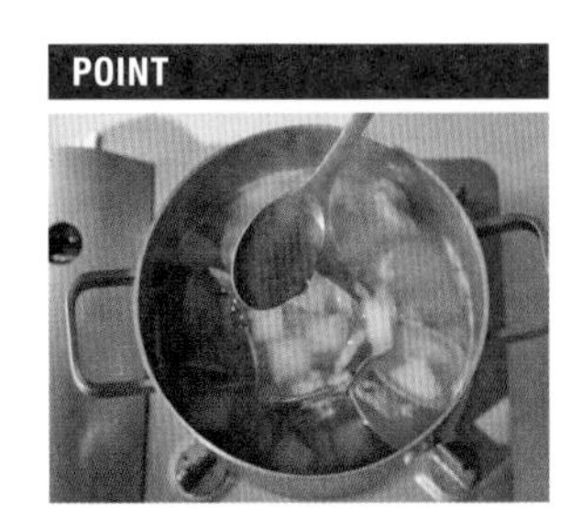

만들기

1 바지락은 소금물에 2시간 정도 해감을 한다.

2 무는 나박 썰고, 쪽파는 송송 썬다. 쑥갓은 먹기 좋게 썬다.

3 냄비에 물, 무, 바지락을 넣고 끓인 후 참치액을 넣어 한소끔 더 끓인다.

4 쪽파와 쑥갓을 올린다.

동태찌개

3-4 servings **35-40** minutes

재료

동태 1마리,
무 · 콩나물 100g씩,
두부 1/2모,
미나리 20g,
다진 마늘 1큰술,
다진 생강 1작은술,
고춧가루 2큰술,
참치액 3큰술,
물 6컵,
후춧가루 약간

POINT

만들기

1 동태와 콩나물은 각각 흐르는 물에 씻고, 무는 나박 썰고,
두부는 한 입 크기로 썬다. 미나리는 4cm 길이로 썬다.

2 냄비에 물, 동태, 무, 다진 마늘, 다진 생강을 넣고 끓인다.

3 고춧가루, 참치액, 후춧가루를 넣고 한소끔 더 끓인다.

4 무가 익으면 콩나물, 두부, 미나리를 넣고 한 번 더 팔팔 끓인다.

된장찌개

3-4 servings **25-30** minutes

재료

두부 1/2모,
애호박 · 양파 · 홍고추 1/2개씩,
느타리버섯 20g,
대파 1/4대,
된장 1과 1/2큰술,
참치액 1큰술,
물 2컵

POINT

만들기

1 두부, 애호박, 양파는 깍둑 썰고, 대파는 어슷 썬다.

2 홍고추와 느타리버섯은 먹기 좋게 썬다.

3 냄비에 애호박, 양파, 된장을 넣고 버무리듯이 볶다가 물을 넣고 끓인다.

4 참치액을 넣고 느타리버섯, 대파, 홍고추, 두부를 넣어
한소끔 더 끓인다.

부대찌개

● **3-4** servings ◔ **35-40** minutes

재료

스팸 200g,
프랑크소시지 2줄,
다진 소고기 · 베이크드빈 50g씩,
다진 김치 100g,
물 3컵,
체다치즈 1장,
두부 1/3모,
양파 1/4개,
대파 1/4대,
불린 당면 적당량,
다진 마늘 · 고춧가루 1큰술씩,
참치액 2큰술,
후춧가루 약간

POINT

만들기

1 스팸, 소시지, 두부는 먹기 좋은 크기로 썰고, 양파는 깍둑 썰고, 대파는 어슷 썬다.

2 냄비에 대파를 뺀 1의 재료와 다진 소고기, 다진 김치, 베이크드빈, 물을 넣고 끓인다.

3 끓기 시작하면 고춧가루, 후춧가루, 다진 마늘, 참치액을 넣는다.

4 두부, 대파, 불린 당면을 넣고 한소끔 더 끓이고 치즈를 올린다.

오이냉국

3-4 servings 10-15 minutes

재료

오이 1개,
불린 미역 20g,
양파 1/4개,
물 1L,
참치액 5큰술,
설탕 · 식초 3큰술씩,
통깨 약간

POINT

만들기

1. 오이, 양파는 곱게 채 썬다.
2. 볼에 물, 참치액, 설탕, 식초를 넣고 섞는다.
3. 오이와 양파, 불린 미역을 넣고 통깨를 뿌린다.

깍두기

3-4 servings 30 minutes (무 절이는 시간 제외)

재료

무 2개,
쪽파 1단,
마늘 10톨,
생강 1톨,
고춧가루 1컵,
새우젓 1/4컵,
참치액 4큰술,
소금 · 설탕 3큰술씩,
통깨 약간

POINT

만들기

1 무는 깍둑 썰고, 쪽파는 2cm로 썰고, 마늘과 생강은 다진다.

2 1의 무는 소금과 설탕 각각 2큰술씩을 넣어 약 2시간 정도 절인다.

3 절인 무는 흐르는 물에 헹군 후 고춧가루에 버무려 색을 낸다.

4 3에 다진 마늘과 다진 생강, 새우젓, 참치액을 넣고 버무린다.

5 쪽파를 넣고 버무린 후 소금과 설탕 각각 1큰술씩으로 간하고
통깨를 뿌린다.

배추김치

3-4 servings 40-50 minutes

재료

절인 배추 2포기,
무 1/2개,
쪽파 · 미나리 30g씩

양념

고춧가루 200g,
마늘 10톨,
생강 1톨,
새우젓 1/4컵,
까나리액젓 · 참치액 1/5컵씩,
찹쌀풀 1/2컵,
소금 · 설탕 약간씩

만들기

1. 절인 배추는 한 번 헹궈 소쿠리에 물기를 뺀다.
2. 무는 채 썰고, 쪽파와 미나리는 3cm 길이로 썰고, 마늘과 생강은 다진다.
3. 분량의 양념 재료를 모두 섞는다.
4. ③의 양념이 불면 쪽파, 미나리, 무를 넣어 섞는다.
5. 배추 사이사이에 양념을 잘 바른다.

POINT

고등어조림

3-4 servings · 35-40 minutes

재료

고등어 2마리,
무 150g,
대파 1/2대,
양파 · 홍고추 · 청양고추 1개씩,
굵은소금 1큰술,
물 3컵

양념장

고춧가루 · 다진 마늘 · 후춧가루 · 설탕 · 참기름 · 다진 생강 1큰술씩,
참치액 · 맛술 2큰술씩,
된장 1/2큰술

만들기

1 무와 대파는 큼지막하게 썰고, 고등어는 토막낸다.
양파는 채 썰고 홍고추와 청양고추는 어슷 썬다.

2 고등어는 흐르는 물에 씻고 굵은소금을 뿌려둔다.

3 분량의 양념장 재료를 모두 섞는다.

4 냄비에 무를 깔고 고등어, 양파, 대파를 넣은 후 양념장을
군데군데 올리고 물을 부어 한소끔 끓인다.

5 중불로 줄이고 홍고추와 청양고추를 넣어 졸인다.

POINT

닭볶음탕

3-4 servings 40-50 minutes

재료

닭 1마리,
감자 2개,
양파 · 당근 1개씩,
대파 1/2대,
물 3컵

양념장

고춧가루 · 참치액 3큰술씩,
고추장 · 물엿 · 설탕 · 다진 마늘 · 참기름 1큰술씩,
맛술 2큰술,
후춧가루 약간

만들기

1. 닭은 흐르는 물에 씻어 끓는 물에 살짝 데친다.
2. 감자, 양파, 당근은 먹기 좋게 썰고, 대파는 어슷 썬다.
3. 분량의 양념장 재료를 모두 섞는다.
4. 냄비에 닭, 감자, 물, 양념장 1/2을 넣고 끓인다.
5. 닭이 50% 정도 익으면 양파, 당근을 넣고 나머지 양념장을 넣어 졸인 후 대파를 고명으로 올린다.

POINT

삼색나물 (콩나물/시금치/고사리)

3-4 servings **25-30** minutes

재료

콩나물 200g,
참치액 · 참기름 1큰술씩,
소금 · 통깨 약간씩

시금치 1단,
참치액 · 참기름 1큰술씩,
소금 · 통깨 약간씩

불린 고사리 200g,
참치액 1과 1/2큰술,
참기름 1큰술,
다진 마늘 · 통깨 · 식용유 약간씩

만들기

1 콩나물은 끓는 물에 소금을 넣고 삶아 찬물에 식혀 물기를 꼭 짠다.
2 참치액과 참기름으로 버무린 후 통깨를 뿌린다.

1 시금치는 끓는 물에 소금을 넣고 데친 후 물기를 꼭 짠다.
2 참치액과 참기름으로 버무린 후 통깨를 뿌린다.

1 불린 고사리는 물기를 꼭 짠 후 팬에 식용유를 두르고 다진 마늘과 함께 볶는다.
2 참치액, 참기름을 넣고 한 번 더 볶은 후 통깨를 뿌린다.

POINT

시래기된장조림

● **3-4** servings ◔ **15-20** minutes

재료

시래기 300g,
국멸치(다듬은 것) 30g,
대파 약간,
된장 · 참치액 1큰술씩,
다진 마늘 1작은술,
쌀뜨물 1컵

만들기

1. 시래기는 물에 불리고 대파는 길게 채 썬다.
2. 시래기는 끓는 물에 한 번 데치고 된장, 다진 마늘, 참치액을 넣어 양념을 한다.
3. 냄비에 국멸치를 볶다가 2의 양념한 시래기와 쌀뜨물을 넣어 졸인다.
4. 자작하게 졸아들면 뒤적거린 후 대파를 올린다.

POINT

ITALY

달걀찜

3-4 servings 20-25 minutes

재료

달걀 4개,
쪽파 10g,
물 1컵,
참치액 1큰술

POINT

만들기

1 달걀은 잘 풀고 참치액을 넣은 후 체에 거른다.

2 쪽파는 송송 썬다.

3 뚝배기에 물과 달걀물을 넣고 저어가며 익힌다.

4 달걀물이 부풀어 오르면 불을 줄이고 뚜껑을 덮어 더 익히고 쪽파를 올린다.

달걀말이

3-4 servings 20-25 minutes

재료

달걀 4개,
햄 20g,
쪽파 10g,
식용유 2큰술,
참치액 1/2큰술

만들기

1 햄은 잘게 썰고, 쪽파는 송송 썬다.

2 달걀은 잘 풀고 참치액을 넣은 후 체에 거른다.

3 2의 달걀물에 햄과 쪽파를 넣고 잘 섞는다.

4 팬에 식용유를 두르고 달걀물을 부어 달걀말이를 만든다.

국물떡볶이

3-4 servings **25-30** minutes

재료

떡볶이떡 200g,
납작어묵 2장,
물 3컵,
쪽파 1줄기

양념장

고추장 · 참치액 · 설탕 2큰술씩,
물엿 1큰술,
다진 마늘 1/2큰술,
후춧가루 약간

만들기

1. 떡은 물에 살짝 헹구고, 어묵은 한 입 크기로 썰고, 쪽파는 길게 썬다.
2. 분량의 양념을 모두 섞어 양념장을 만든다.
3. 끓는 물에 양념장과 떡을 넣고 약 1~2분 정도 끓인 후 어묵을 넣는다.
4. 어묵이 익으면 쪽파를 넣는다.

POINT

칼국수

● **3-4** servings ◑ **25-30** minutes

재료

생칼국수 300g,
애호박 · 양파 1/2개씩,
느타리버섯 20g,
대파 1/2대,
참치액 2큰술,
물 7컵

양념장

다진 청양고추 1개 분량,
다진 쪽파 10g,
다진 마늘 · 참치액 1작은술,
고춧가루 1큰술

POINT

만들기

1. 애호박, 양파는 채 썬다. 느타리버섯은 결대로 찢고 대파는 어슷 썬다.
2. 분량의 재료를 모두 섞어 양념장을 만든다.
3. 끓는 물에 칼국수 면을 삶다가 애호박, 양파, 참치액을 넣어 끓인다.
4. 면이 적당히 익으면 느타리버섯과 대파를 넣어 끓인 후 양념장을 곁들여 먹는다.

양지쌀국수

3-4 servings 50 minutes

POINT

재료

쌀국수 300g,
숙주 200g,
고수 · 쪽파 10g씩,
홍고추 1/2개,
다진 마늘 1작은술,
참치액 2큰술,
레몬 1/4개

육수

소고기(양지) 600g,
통마늘 5개,
월계수잎 3장,
통후추 1작은술,
대파 뿌리 3대,
물 10컵

만들기

1 숙주는 깨끗이 씻고, 홍고추와 쪽파는 송송 썰고, 레몬은 슬라이스한다. 취향에 따라 고수를 준비해 한 입 크기로 썬다.

2 냄비에 분량의 육수 재료를 넣고 약 40분 정도 끓인다.

3 육수는 면포에 한 번 거르고 1인분 용량인 300ml에 다진 마늘, 참치액 1큰술을 더해 맛을 낸다.

4 쌀국수는 따로 삶아 그릇에 담고 숙주, 고수, 홍고추, 쪽파, 레몬을 올린 후 3의 육수를 붓는다.

바지락술찜

3-4 servings 30 minutes

재료

바지락 1kg,
양배추 300g,
정종 1/2컵,
참치액 1큰술,
페퍼론치노 5개,
마늘 5톨,
후춧가루 약간,
소금물 적당량
*바지락은 모시 · 동죽 · 백합 조개로 대체 가능

만들기

1 바지락은 소금물에 2시간 정도 해감을 한다.

2 양배추는 한 입 크기로 썰고 마늘은 편 썬다.

3 냄비에 양배추를 깔고 손질한 바지락을 올린다.

4 정종, 페퍼론치노, 마늘, 참치액, 후춧가루를 넣고 끓인다.

POINT

김밥

2 servings　30 minutes

재료

김밥김 2장,
밥 1공기,
달걀 2개,
햄 · 단무지 · 맛살 · 우엉 2줄씩,
오이 1개,
미나리 50g,
당근 1/3개,
참치액 · 참기름 1큰술씩,
통깨 · 식용유 약간

POINT

만들기

1 당근은 채 썰고, 햄, 우엉, 맛살, 단무지, 오이는 길게 썰고, 미나리는 김밥김 길이로 썬다.

2 팬에 식용유를 두르고 당근, 햄을 볶는다. 단무지와 오이는 물기를 뺀다.

3 볼에 달걀을 풀고 참치액 1/2큰술을 넣어 섞는다.

4 팬에 식용유를 두르고 3의 달걀을 노릇하게 부쳐 채 썬다.

5 밥에 참치액 1/2큰술, 참기름, 통깨를 뿌려 양념하고 식힌다.

6 김밥김 위에 밥을 올리고 손질한 재료를 고루 올려 김밥을 만다.

PART 2 HALLA FOOD RECIPE

요리요정볶음조림소스

모든 볶음 · 조림 요리에 '요리요정볶음조림소스'만 있으면
다른 양념 없이 뚝딱 완성돼요. 특히, 밑반찬 만들 때
딱!이랍니다. 줄여서 '요요소스', 이제 '요요소스'만 기억하세요.

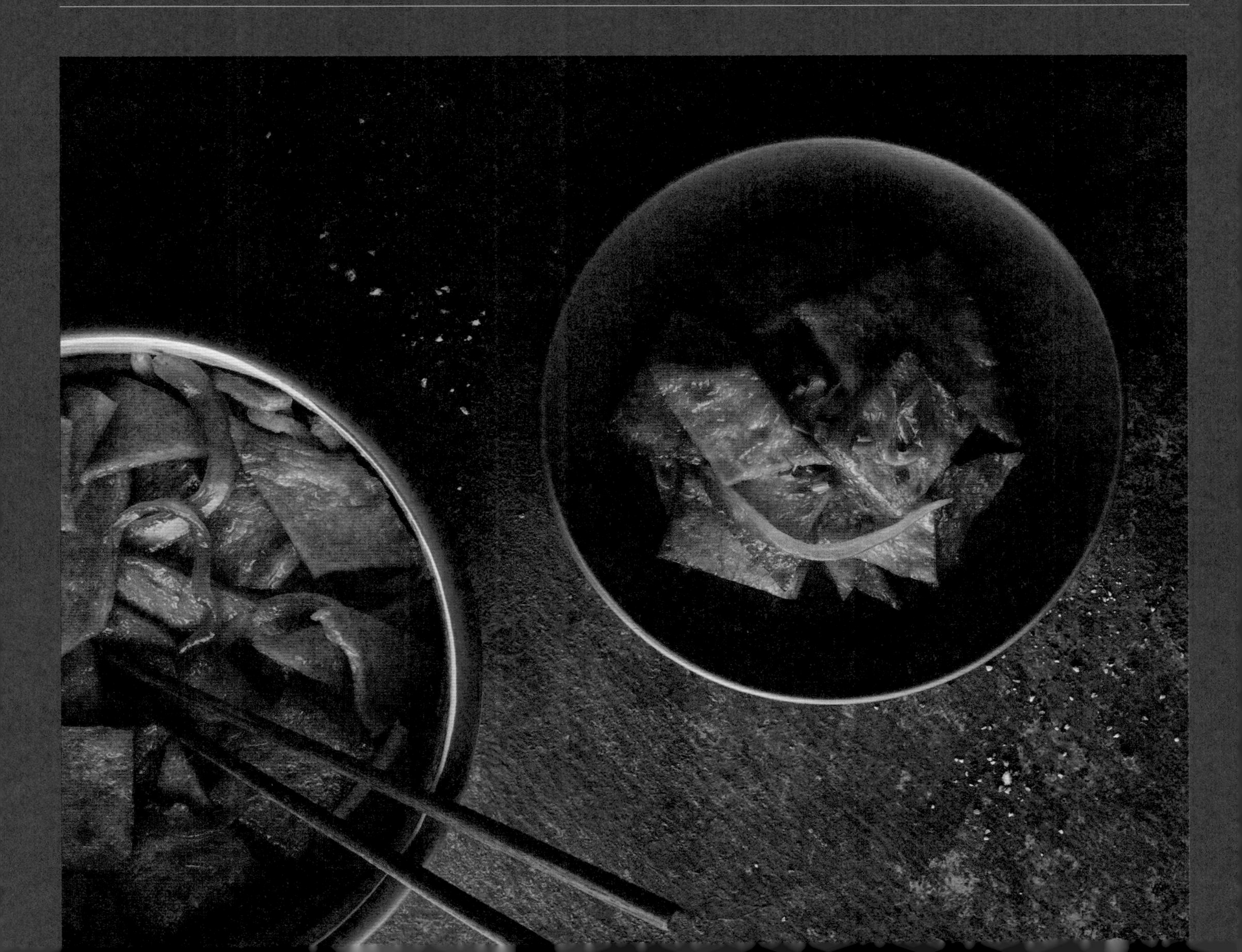

차돌박이숙주볶음

3-4 servings **20** minutes

재료

차돌박이 400g,
숙주 300g,
쪽파 20g,
마늘 5톨,
페퍼론치노 3개,
요리요정볶음조림소스(요요소스) 3큰술

POINT

만들기

1 마늘은 편 썰고, 쪽파는 송송 썰고, 숙주는 흐르는 물에 씻어 체에 밭친다.

2 팬에 차돌박이를 살짝 굽는다.

3 차돌박이가 익기 전, 마늘, 페퍼론치노를 넣어 볶다가 숙주를 넣고 숨을 죽인다.

4 요요소스를 넣고 볶다가 쪽파를 올린다.

메추리알장조림

3-4 servings **30** minutes

재료

삶은 메추리알 500g,
물 500ml,
요리요정볶음조림소스 5큰술

만들기

1. 냄비에 물, 요요소스, 삶은 메추리알을 넣는다.
2. 국물이 반이 될 때까지 졸인다.

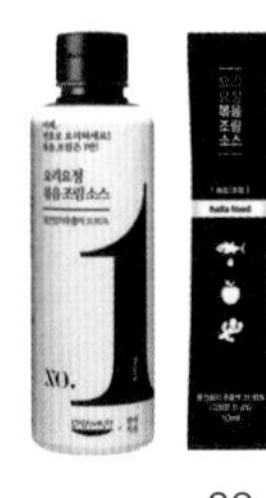

어묵볶음

3-4 servings 20 minutes

재료

어묵 300g,
양파 1/2개,
쪽파 20g,
식용유 3큰술,
요리요정볶음조림소스 2큰술,
참기름 1큰술

POINT

만들기

1. 어묵은 한 입 크기로 썰고, 양파는 채 썰고, 쪽파는 송송 썬다.
2. 팬에 식용유를 두르고 어묵과 양파를 넣어 달달 볶는다.
3. 요요소스를 넣어 볶다가 참기름, 쪽파를 넣어 마무리한다.

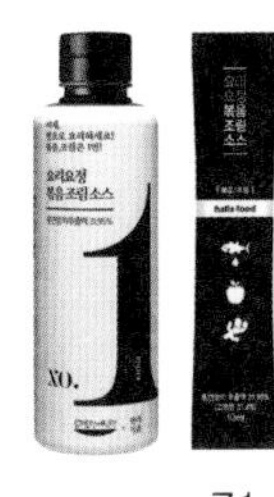

가지볶음

● **3-4** servings ◔ **20** minutes

재료

가지 2개,
양파 1/2개,
요리요정볶음조림소스 2큰술,
식용유 3큰술,
후춧가루 약간

만들기

1. 가지와 양파는 한 입 크기로 썬다.
2. 팬에 식용유를 넉넉하게 두르고 가지와 양파가 숨이 죽을 때까지 볶는다.
3. 요요소스와 후춧가루를 넣고 후루룩 볶는다.

두부조림

3-4 servings 25 minutes

재료

두부 2모(600g),
무 300g,
식용유 3큰술,
물 2컵,
쪽파 10g,
홍고추 1/2개

양념장

요리요정볶음조림소스 4큰술,
고춧가루 2큰술,
다진 마늘·물엿· 참기름 1큰술씩

만들기

1 두부는 한 입 크기로 썰고, 무는 두툼하게 썰고,
쪽파와 홍고추는 송송 썬다.

2 분량의 양념장 재료를 섞는다.

3 팬에 식용유를 두르고 두부를 부친다.

4 냄비에 무를 깔고 3의 두부를 올린 후 양념장을 올린다.

5 냄비에 두부가 잠기지 않을 만큼만 물을 넣고 졸이다
쪽파와 홍고추를 올린다.

POINT

깻잎절임

3-4 servings **25** minutes

재료

깻잎 100g,
양파 1/3개,
쪽파 약간

양념장

고춧가루 3큰술,
요리요정볶음조림소스 2큰술,
매실청 1큰술,
다진 마늘 1/2큰술,
물 · 통깨 약간씩

만들기

1 깻잎은 꼭지를 잘라내고 씻은 후 물기를 제거한다.

2 양파와 쪽파는 잘게 다진다.

3 분량의 양념장 재료와 2의 재료를 잘 섞는다.

4 깻잎 한 장, 한 장 사이에 양념장을 발라 재워둔다.

POINT

요요소스파스타

● **3-4** servings ◑ **30** minutes

재료

스파게티면 50g,
베이컨 2장,
마늘 3톨,
표고버섯 2개,
요리요정볶음조림소스 · 올리브유 2큰술씩,
면수 1컵,
후춧가루 약간

POINT

만들기

1 베이컨을 먹기 좋게 썰고, 마늘과 표고버섯은 편 썬다.

2 스파게티면은 약 7~8분 정도 살캉하게 삶고 면수는 버리지 않는다.

3 팬에 올리브유를 두른 후 마늘과 베이컨, 표고버섯을 볶는다.

4 스파게티면, 요요소스, 적당량의 면수를 넣어 볶다가
후춧가루를 뿌린다.

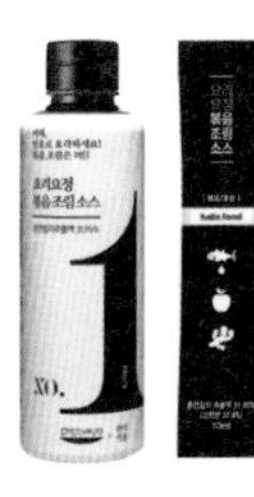

닭날개조림

3-4 servings 35 minutes

재료

닭날개 600g,
쪽파 10g,
식용유 3큰술,
후춧가루 약간

조림양념장

요리요정볶음조림소스 3큰술,
맛술 2큰술,
물엿 1큰술,
다진 마늘 1작은술,
물 약간

만들기

1 쪽파는 10cm로 썬다.

2 분량의 양념재료를 잘 섞는다.

3 팬에 식용유를 두르고 닭날개를 앞뒤로 구워 내면서 후춧가루를 살짝 뿌린다.

4 닭날개 겉면에 갈색 기가 돌면 조림장을 부어 자작하게 졸이고 쪽파를 올린다.

POINT

새우볶음밥

3-4 servings 25 minutes

재료

칵테일새우 100g,
밥 2공기,
양파 1/3개,
쪽파 20g,
당근 1/4개,
요리요정볶음조림소스 2큰술,
버터 약간,
식용유 3큰술,
달걀 1개,
대파 1/4대,
후춧가루 약간

POINT

만들기

1 새우는 해동해서 물기를 제거하고 양파, 대파, 당근은 잘게 썰고, 쪽파는 송송 썬다.

2 팬에 식용유와 버터를 두르고 양파, 대파를 볶다가 한쪽에 달걀을 스크램블한다.

3 팬에 당근과 밥을 넣고 볶다가 새우와 요요소스를 넣고 더 볶는다.

4 후춧가루를 넣고 한 번 섞은 후 쪽파를 올린다.

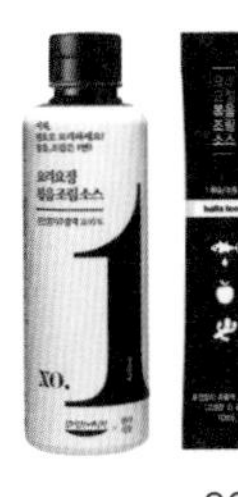

궁중떡볶이

3-4 servings 35 minutes

재료

떡볶이떡 300g,
소고기(불고기감) 200g,
양파 1/2개,
쪽파 1줄기,
파프리카 1/2개,
표고버섯 2개

양념

요리요정볶음조림소스 4큰술,
물엿 · 참기름 2큰술씩,
다진 마늘 1/2큰술,
후춧가루 · 통깨 · 물 약간씩

만들기

1 양파, 파프리카, 표고버섯은 한 입 크기로 썰고,
쪽파는 4cm 길이로 썬다.

2 떡볶이떡은 물에 헹군 후 요요소스 2큰술,
참기름 1큰술에 버무려 놓는다.

3 소고기는 요요소스 1큰술, 물엿 1큰술, 다진 마늘1/2큰술,
참기름, 후춧가루를 넣어 양념한다.

4 팬에 식용유를 두르고 3의 고기를 볶다가 2를 넣고 볶은 후 양파,
파프리카, 표고버섯을 넣고 더 볶는다.

5 요요소스 1큰술과 물엿 1큰술을 넣어 윤기를 낸 후
통깨와 부추를 올려 마무리한다.

POINT

스테이크솥밥

3-4 servings 45-50 minutes

재료

불린 쌀 200g,
소고기(채끝등심) 250g,
쪽파 10g,
다진 마늘 1작은술,
아스파라거스 2개,
요리요정볶음조림소스 2큰술,
버터 20g,
식용유 2큰술,
후춧가루 약간

만들기

1 쪽파는 송송 썰고, 아스파라거스는 마디 썬다.

2 채끝등심은 버터 10g과 식용유를 두른 팬에 앞뒤로 노릇하게 굽고 한 입 크기로 썬다.

3 불린 쌀에 밥물을 맞추고 요요소스를 넣고 다진 마늘을 넣어 밥을 한다.

4 밥이 다 되면 2의 스테이크를 올리고 쪽파, 아스파라거스, 버터10g, 후춧가루를 뿌려 뚜껑을 덮고 뜸 들인다.

찜닭

3-4 servings 45 minutes

재료

닭 1마리,
양파 · 당근 1개씩,
대파 1대,
표고버섯 3개,
마른 고추 · 감자 2개씩,
불린 당면40g,
물 3컵

양념장

요리요정볶음조림소스 5큰술,
다진 마늘 · 맛술 · 물엿 2큰술씩,
참기름 1큰술,
후춧가루 약간

POINT

만들기

1 감자와 당근은 둥글게 썰고, 대파는 마디 썬다.

2 마른 고추는 2cm 길이로 토막 썰고, 양파와 표고버섯은 깍둑 썬다.

3 분량의 양념장 재료는 잘 섞는다.

4 닭은 깨끗이 씻고 끓는 물에 살짝 데친다.

5 궁중팬에 닭, 물, 감자, 당근을 넣어 살짝 끓인다.

6 양념장을 넣고 졸인 후 표고버섯, 마른 고추, 대파, 양파를 넣어 더 졸이다가 불린 당면을 넣어 익힌다.

코다리조림

3-4 servings 45-50 minutes

재료

손질된 코다리 600g,
무 300g,
대파 1/2대,
청 · 홍고추 1개씩,
물 2컵

양념장

요리요정볶음조림소스 4큰술,
맛술 · 물엿 2큰술씩,
고춧가루 3큰술,
다진 마늘 1큰술,
다진 생강 1/2작은술,
후춧가루 약간

만들기

1 무는 두툼하게 썰고, 대파는 마디썰고 고추는 어슷 썬다.

2 냄비에 무를 깔고 코다리를 올린 후 물을 넣고 끓인다.

3 분량의 양념장 재료를 섞는다.

4 3의 냄비에 양념장을 올리고 대파와 고추를 넣어 더 졸인다.

POINT

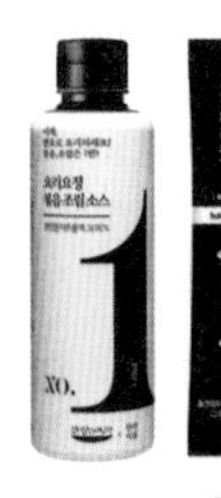

풋고추항정살조림

3-4 servings 35-40 minutes

재료

항정살 600g,
풋고추 7개,
마늘 10톨,
대파 1대,
식용유 · 청주 1큰술씩,
다진 생강 1/3작은술

조림장

요리요정볶음조림소스 5큰술,
맛술 3큰술,
물엿 2큰술,
후춧가루 약간

POINT

만들기

1 풋고추는 어슷 썰고, 통마늘 5톨은 반으로 썰고 대파는 길게 채 썬다.

2 항정살은 약 10분 정도 끓는 물에 통마늘 5톨, 다진 생강, 청주를 넣고 데친다.

3 식용유를 두른 팬에 잘 섞은 분량의 조림장을 넣고 1의 마늘과 2의 항정살을 넣고 졸인다.

4 풋고추를 넣어 좀 더 졸이고 대파를 고명으로 올린다.

제육볶음

3-4 servings 35-40 minutes

재료

돼지고기 앞다리살 600g,
양파 1/2개,
대파 1/2대,
참기름 1큰술,
깻잎 8장,
식용유 적당량

양념

고추장 · 요리요정볶음조림소스 3큰술씩,
물엿 · 고춧가루 2큰술씩,
다진 마늘 1큰술,
후춧가루 약간

만들기

1 양파는 슬라이스하고, 대파는 어슷 썰고, 깻잎은 채 썬다.

2 분량의 양념 재료를 섞은 후 돼지고기 앞다리살을 버무린다.

3 팬에 식용유를 두르고 2의 재료를 넣어 볶는다.

4 고기가 익으면 참기름, 대파, 양파를 넣어 더 볶고 깻잎을 올린다.

POINT

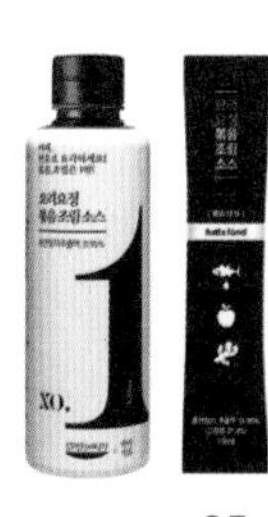

PART 3 HALLA FOOD RECIPE

주부천하쯔유

모든 국물요리에 육수 재료 대신 '주부천하쯔유'를 활용하면
간편하게 깊고 감칠맛 나는 육수를 낼 수 있어요. 일본산 쯔유보다
맛이 깊고 단맛이 적어 모든 요리에 잘 어울려요.

마늘장아찌

5-6 servings 30 minutes

재료

마늘 100톨,
마른 고추 2개

장물

물 4컵,
주부천하쯔유 1컵,
식초 2컵

POINT

만들기

1 마늘은 깨끗이 씻어 물기를 제거한다.

2 분량의 장물 재료를 냄비에 넣고 팔팔 끓인 후 식힌다.

3 유리 저장 용기에 마늘, 마른 고추, 장물을 넣어 뚜껑을 닫고
10일 정도 실온 숙성 후 냉장 보관한다.

달걀노른자장

5-6 servings 30 minutes

재료

달걀노른자 15개 분량,
주부천하쯔유 3컵

만들기

1 달걀은 노른자만 따로 분리한다.

2 밀폐용기에 달걀노른자와 쯔유를 넣고 달걀노른자가 단단해질때까지 냉장고에서 하룻밤 정도 숙성한다.

POINT

오이지무침

3-4 servings 25 minutes

재료

오이지 3개,
청고추 1/2개,
쪽파 20g,
통깨 약간

양념

고춧가루 1작은술,
주부천하쯔유 · 참기름 1큰술씩,
매실청 1작은술

만들기

1 오이지는 한 입 크기로 썰어 찬물에 담가 짠기를 뺀 뒤 물기를 꼭 짠다.

2 고추와 쪽파는 잘게 썬다.

3 볼에 오이지와 고추, 쪽파, 분량의 양념 재료를 넣고 버무린 후 통깨를 뿌린다.

감자채볶음

3-4 servings 25 minutes

재료

감자 2개,
양파 · 피망 1/2개씩,
당근 1/4개,
주부천하쯔유 · 식용유 2큰술씩

POINT

만들기

1 감자와 당근, 피망, 양파는 채 썰고, 채 썬 감자는 찬물에 담가 전분기를 뺀다.

2 팬에 식용유를 넉넉하게 두른 후 감자를 먼저 볶다가 당근, 양파, 피망을 넣어 한 번 더 볶는다.

3 마지막에 쯔유를 넣어 간을 한다.

상추겉절이

3-4 servings 15 minutes

POINT

재료

상추 200g,
대파 1대,
통깨 약간

양념장

고춧가루 · 식초 · 참기름 1큰술씩,
주부천하쯔유 2큰술

만들기

1 상추는 깨끗이 씻어 물기를 제거한 후 한 입 크기로 썬다.
파는 길게 채 썬다.

2 분량의 양념장 재료를 잘 섞는다.

3 볼에 모든 재료를 넣고 잘 섞은 후 대파와 통깨를 올린다.

쯔유우동

1-2 servings 30-40 minutes

POINT

재료

우동면 2개,
물 300ml,
주부천하쯔유 4큰술,
쑥갓 20g,
유부주머니 1개,
당근 1/4개,
어묵 50g,
후춧가루 약간

만들기

1 둥근 어묵은 반 썰고, 납작 어묵은 길게 썰고, 당근은 어슷 썬다.
쑥갓은 먹기 좋게 썬다.

2 우동면은 끓는 물에 살짝 데친 후 체에 밭친다.

3 끓는 물에 당근, 어묵, 유부주머니를 넣어 살짝 익힌 후
쯔유를 넣어 간을 맞춘다.

4 그릇에 우동면을 담고 3을 넣은 후 후춧가루와 쑥갓을 올린다.

메밀소바

1-2 servings **35-40** minutes

재료

POINT

메밀면 200g,
주부천하쯔유 1/4컵,
무 30g,
고추냉이 1작은술,
쪽파 10g,
김 1장,
물 1컵

만들기

1. 무는 강판에 갈고, 쪽파는 송송 썰고, 김은 길게 자른다.
2. 물과 쯔유를 섞은 후 살얼음이 생길 정도로 얼린다.
3. 메밀면은 삶아 그릇에 담고 무, 고추냉이를 올려 ②의 육수를 넣는다.
4. 쪽파와 김을 올린다.

돈가스덮밥

1-2 servings 30 minutes

재료

시판 돈가스 1장,
밥 1공기,
양파 1/2개,
홍고추 1개,
주부천하쯔유 2큰술,
달걀 1개,
쪽파 10g,
물 1컵

POINT

만들기

1 양파는 슬라이스하고 홍고추와 쪽파는 송송 썬다.

2 돈가스는 먹기 좋게 썬다.

3 작은 프라이팬에 양파, 물, 쯔유를 넣고 끓인다.

4 볼에 달걀을 잘 풀고 3의 팬에 달걀물을 부어 저어가며 익힌다.

5 그릇에 밥과 4의 재료, 돈가스를 켜켜이 쌓은 후 쪽파와 홍고추를 올린다.

새우토마토오이샐러드

● **1-2** servings ◑ **30** minutes

재료

칵테일새우 100g,
완숙 토마토 1개,
오이 1/2개,
소금 1큰술

드레싱

물 1컵,
주부천하쯔유 1/2컵,
식초 · 고추냉이 적당량씩

POINT

만들기

1 토마토는 슬라이스한다.

2 오이는 칼집을 내어 한 입 크기로 썰고 소금에 살짝 절인다.

3 칵테일새우는 끓는 물에 살짝 데친다.

4 분량의 드레싱 재료를 잘 섞는다.

5 그릇에 칵테일새우, 토마토, 오이를 올리고 드레싱을 뿌린다.

COOKING TIP 샐러드 드레싱을 만들 때, 물과 쯔유 비율은 2:1로 해요.

잔치국수

1-2 servings **35-40** minutes

재료

소면 150g,
달걀 1개,
멸치 10g,
무 1/4개,
쪽파 20g,
주부천하쯔유 3큰술,
김치 · 김가루 · 쑥갓 적당량씩,
식용유 1큰술,
물 600g

만들기

1 무는 큼지막하게 썰고, 쪽파와 김치는 송송 썬다.
쑥갓은 먹기 좋게 손질한다.

2 냄비에 멸치와 무를 넣어 팔팔 끓이다 쯔유를 넣는다.

3 팬에 식용유를 둘러 지단을 부친 뒤 길게 채 썬다.

4 끓는 물에 소면을 약 6-7분 삶고 찬물에 헹궈 체에 밭친다.

5 그릇에 면을 담고 **2**의 육수를 붓고 김치, 지단, 김가루, 쪽파,
쑥갓을 올린다.

샤부샤부

3-4 servings 40-45 minutes

POINT

재료

소고기 200g,
알배추 1/2포기,
느타리 버섯 40g,
팽이버섯 1봉,
하얀 목이버섯 · 어묵 30g씩,
쑥갓 20g,
유부주머니 1개,
주부천하쯔유 1컵,
물 5컵

소스

주부천하쯔유 2큰술,
쪽파 10g,
레몬즙 1작은술,
연겨자 · 물 약간씩

만들기

1 알배추는 한 입 크기로 썰고, 어묵은 어슷 썬다. 쪽파는 송송 썬다.

2 소고기는 핏기를 제거하고, 버섯은 한 입 크기로 뜯어 준비하고, 쑥갓은 먹기 좋게 손질한다.

3 물과 쯔유를 넣어 끓이고 손질한 1, 2의 재료와 유부주머니를 넣어 익힌 후 쑥갓을 올린다.

4 분량의 소스재료를 섞어 곁들여 낸다.

COOKING TIP 샤부샤부 육수를 낼 때, 물과 주부천하쯔유는 5:1 비율로 해요.

골뱅이무침

● **3-4** servings ◑ **30** minutes

재료

골뱅이 1캔(400g),
대파 1/2대,
양파 1/2개,
쪽파 1/4대,
당근 1/4개,
오이 1/2개,
미나리 30g,
진미채 50g,
소면 80g

양념장

고춧가루 · 사과식초 3큰술씩,
고추장 1/2큰술,
설탕 · 다진 마늘 · 매실청 · 참기름 1큰술씩,
주부천하쯔유 2큰술,
통깨 약간

POINT

만들기

1 골뱅이는 반으로 자르고 오이는 어슷 썰고,
양파와 대파는 슬라이스한다.

2 당근은 어슷하게 썰고 미나리는 마디 썰고, 쪽파는 송송 썬다.

3 분량의 양념재료를 잘 섞는다.

4 볼에 골뱅이, 양념장을 넣어 버무린다.

5 진미채와 손질한 채소를 넣어 고루 섞는다.

6 끓는 물에 소면을 약 6-7분 삶고 찬물에 헹궈 체에 밭친다.

7 그릇에 5의 재료와 소면을 담고 쪽파와 미나리, 통깨를 올린다.

원조를 지키기 위한 약속,
끝까지 지키겠습니다.

40년이 넘는 시간 동안 한자리를 지키는 일은 결코 쉬운 일이 아니었습니다.
〈한라식품〉은 업계 최초로 '참치액'이라는 액상 조미료를 만들어
지금까지 원조의 자리를 지키고 있습니다.

무수한 대기업들의 유혹과 힘에 부치는 경쟁에서도 소비자들이 굳건히 지켜 준
'원조'의 가치 덕분입니다.

기업이 성장하면서 욕심을 부리지 않는 건 참 힘든 일이 아닐 수 없습니다.
손에 잡힐 듯한 달콤한 성공들이 눈앞에 보이니까요.
하지만 딱 한 가지만 생각했습니다.
'원조'의 가치를 끝까지 지키고자 하는 그 정직한 마음 하나요.

지금 그 길의 중간쯤 온 것 같습니다.
앞으로도 그 마음은 변하지 않지만, 더 다양한 방법으로 이끌어 가겠습니다.

한라식품 대표이사 이재한

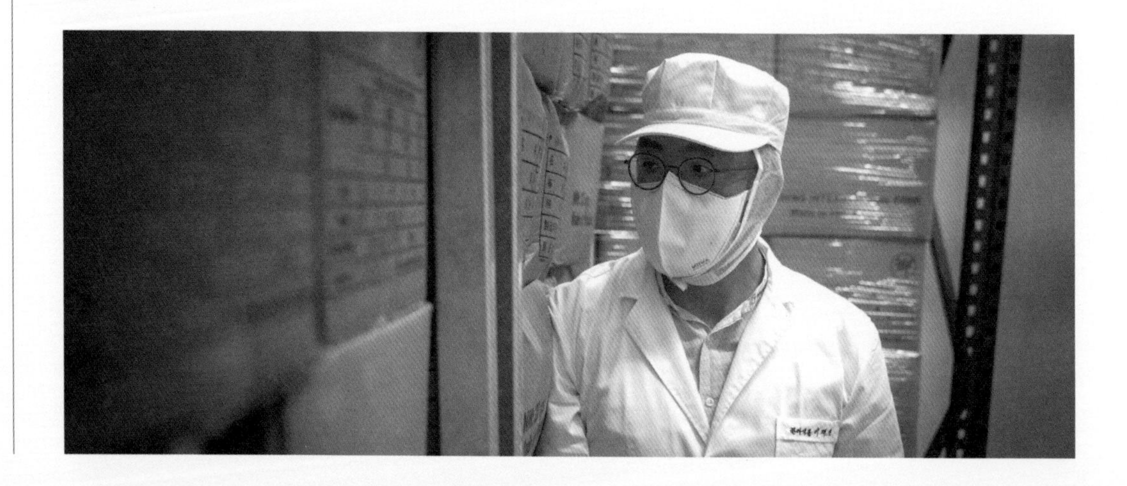

제 요리 철학이요?
쉽고, 맛있고, 즐겁고!

어렸을 때부터 학교에 지각을 할지언정 아침밥은 정찬으로 꼭 챙겨 먹고 다녔던 유별한 아이였어요.
어디에 맛집이 있다는 소문을 들으면 내 입으로 확인을 해야 직성이 풀리는 유별한 청년이 되었고요.
요리하는 게 재미있고, 그걸 먹는 사람들이 좋아하면 그렇게 행복할 수가 없어요.

그러니 요리하는 일이 천직이지 싶습니다.
〈한라식품〉은 가족으로 부터 시작된 기업이랍니다.
남들은 저를 유튜버 '요리요정이팀장'으로 알고 있지만,
사실 한라식품의 모든 제품을 연구하고 만드는 일을 하는 실무자이기도 해요.
그런 제가 '한라참치액'과 '요리요정볶음조림소스', '주부천하쯔유'를 만들면서
얼마나 많은 요리를 해 봤을까요? 정말 맛있고, 쉽고, 즐거울 수밖에 없는
이 비밀병기를 많은 사람들에게 알리고 싶어 안달이 났을 정도랍니다.
이 책에 처음으로 비밀병기 3가지를 활용한 제 레시피 50개를 담았습니다.

너무 쉽다고, 너무 맛있다고, 너무 즐겁다고 놀라지 마세요! 여러분의 집밥생활에
아마도 없어서는 안 될 비밀병기가 될 것이라고 자신해 봅니다.

요리요정이팀장

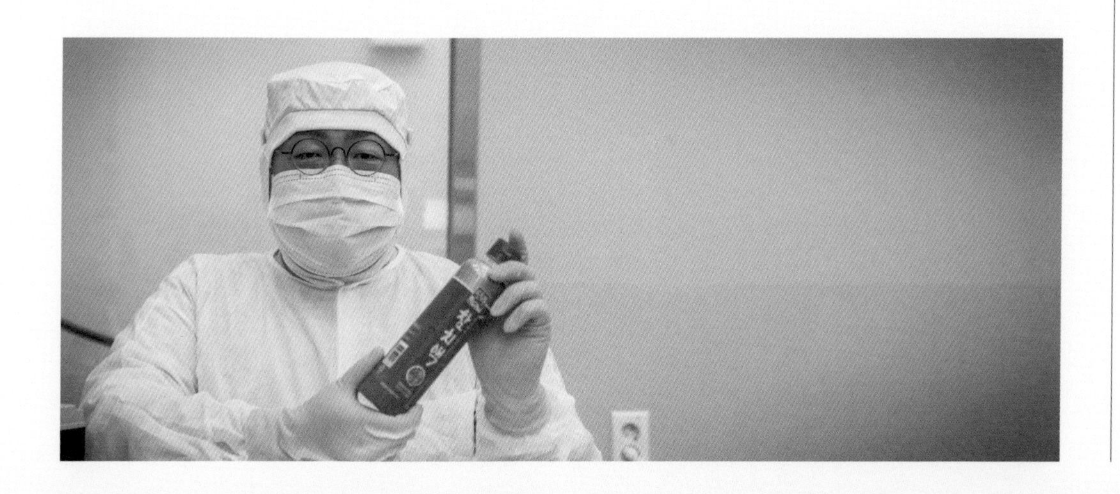

한라식품
HALLAFOOD
참치액
요리요정
볶음조림소스

한라
참치액
TUNA SAUCE

다시마
추출액

OTHER
딱한스푼,
딱한그릇
참치액딱 1인분
10ml

Q&A

자주 묻는 질문

참치액, 요리요정볶음조림소스, 주부천하쯔유는 각각 어떻게 사용하나요?

참치액은 국, 찌개, 무침, 볶음, 조림 등 모든 요리에 감칠맛과 간을 맞추는 데 사용합니다.
요리요정볶음조림소스는 볶음과 조림 요리에 다른 양념 필요 없이 이거 하나로 맛과 간을 내는 데 사용합니다. 각종 밑반찬, 파스타, 볶음밥, 장조림 등등.
주부천하쯔유는 모든 국물요리의 육수를 대신해 주는 데 사용합니다. 샤브샤브, 우동, 메밀 등의 국물요리 베이스는 물론 각종 요리의 간을 대신해 주는데도 사용합니다.

참치액, 요리요정볶음조림소스, 주부천하쯔유의 기준 사용량은 어떻게 되나요?

참치액은 30배수 고농축 추출 제품이기 때문에 3~4인분 기준 1큰술만 소량 사용합니다.
요리요정볶음조림소스는 조림할 때 양조간장만큼 사용하시면 간이 맞아요. 이미 단맛이 있기 때문에 설탕이나 물엿 등은 덜 사용하시거나 사용하지 않는 게 좋아요. 가지 1개, 호박 1개, 버섯이나 어묵 200g 기준으로 1큰술이면 좋습니다.
주부천하쯔유는 여름 메밀소바 기준으로 쯔유와 물 1 : 4 정도로 희석해 사용합니다. 가을 겨울 잔치국수나 우동 기준으로 쯔유와 물 1 : 6 정도로 희석해 사용합니다. 어묵탕이나 샤브샤브 육수로 사용하는 경우에는 물 500ml 기준에 3큰술 정도 넣어 간을 맞추면 적당합니다.

참치액, 요리요정볶음조림소스, 주부천하쯔유의 유통기한과 보관 방법은 어떻게 되나요?

참치액의 유통기한은 제조일로부터 24개월입니다. 보관 방법에 따라 제품의 숙성도의 차이가 있을 수 있으며, 숙성된 깊은 훈연향을 즐기시려면 상온 보관하시길 바랍니다. 훈연향이 조금 거슬리는 경우는 개봉 후 냉장고에 보관하시면 훈연 향이 조금 부드러워집니다.
요리요정볶음조림소스의 유통기한은 제조일로부터 24개월입니다. 가정에서 간장과 같이 실온 보관하시면 되고, 직사광선만 피해주시면 됩니다.
주부천하쯔유의 유통기한은 제조일로부터 18개월입니다. 가정에서 직사광선을 피해 실온에 보관하면 좋습니다.

사용하다가 보이는 참치액의 침전물은 무엇인가요?

참치액은 보존료가 들어있지 않고 정제소금이 들어가 있어 간도 맞추고 보존하는 역할도 해줍니다. 간혹 제품에 투명한 구슬이나 유리조각 같은 침전물이 보이는데, 이는 정제소금 성분이 침전되어 만들어진 결정체이므로 안심하고 드셔도 괜찮습니다.

참치액에서 이상한 향이 나는데 왜 그런가요? (탄내, 스모크향, 훈연향)

참치액의 주원료인 가쓰오부시를 만들 때, 전통 생산 방식인 가다랑어를 10번 이상 훈연하는 과정을 거치게 됩니다. 이 과정에서 나오는 특유의 훈연향입니다. 각종 액상을 섞어서 만드는 다른 제품과 달리 원재료부터 직접 손질하고 추출하기 때문에 맡을 수 있는 향이라고 할 수 있습니다. 조리를 할 때는 물과 희석해서 사용하기 때문에 취향에 맞게 조절해서 사용하시면 됩니다.

참치액에 들어가 있는 성분 중 '리보뉴클레오티드이NA'가 뭔가요?

'리보뉴클레오티드이NA'는 토마토나 파마산치즈에도 다량 함유되어있는 감칠맛을 내주는 자연계 핵산으로 발효시켜서 생산하는 식품첨가물입니다. 이 성분은 식약청에서 인정한 식품첨가물로서 안전성이 보장되는 성분입니다. 참치액에는 0.2%이내의 소량만 사용되고 있습니다.

참치에 중금속 축적이 많이 되어 있다고 하는데, 참치액은 괜찮나요?

중금속(수은)이라는 물질은 생선이든 인체든, 계속 섭취했을때 체내 축적되는게 문제가 되는데 어류는 먹이사슬에 따라 중금속 축적량이 차이가 많습니다. 그래서 가정에서 쉽게 접하는 작은 어류들은 문제가 안 되듯이 비교적 큰 어류(참다랑어,눈다랑어 등)들의 중금속 축적량이 누적 되어 세계보건기구(WHO)나 식약처에서 섭취 권고안을 제시 하고 있습니다.
저희가 원재료로 사용 중인 참치는 가다랑어로 참치과 생선 중에는 가장 작은 가다랑어입니다. 또 공정과정에서 가다랑어를 훈연 및 추출해 생산을 하기 때문에 직접적인 (참치캔)섭취가 아닌 조리용으로 사용하기에 더욱 안전합니다. 그리고 원재료를 들여올 때 통관 절차에서 중금속 검사를 실시하고 있으며, 현재 판매중인 대형마트, 백화점에서도 자체적인 검사를 하기 때문에 안심하고 드셔도 됩니다.

일본에서 방사능 오염수를 방류하는데 방사능 관련해서는 안전한가요?

먼저 방사능 검사는 원재료인 훈연 참치를 들여올 때 부산항 식약처에서 여러가지 검사를 진행합니다. 중금속부터 벤조피렌 등 여러 검사를 진행하는데 요즘에는 워낙 방사능에 민감할 때라 어느때 보다 철저하게 방사능 검사를 진행을 하고 있습니다.

INDEX

ㄱ

ㄷ

ㅁ

ㅂ

ㅅ

ㅇ

ㅈ

ㅊ

ㅋ

ㅍ

한라식품 이지 레시피 50

초판 1쇄 2021년 10월 20일

지은이 한라식품

발행인 박장희
제작총괄 이정아
편집장 손혜린

기획 김수영, 복혜미(공작소오월)
사진 이병주(노드 스튜디오)
스타일링 스튜디오 페퍼
디자인 뮤트스튜디오
마케팅 김주희, 김다은

발행처 중앙일보에스(주)
주소 (04513) 서울시 중구 서소문로 100(서소문동)
등록 2008년 1월 25일 제2014-000178호
문의 jbooks@joongang.co.kr
홈페이지 jbooks.joins.com
네이버 포스트 post.naver.com/joongangbooks
인스타그램 @j__books

ISBN 978-89-278-1260-9 13590

중앙북스는 중앙일보에스(주)의 단행본 출판 브랜드입니다.